U0192912

[英] 乔治亚·阿姆森－布拉德肖　著
罗英华　译

·桂林·

WOMEN CHI DE SHIWU

出版统筹：汤文辉　　美术编辑：卜翠红
品牌总监：耿　磊　　版权联络：郭晓晨　张立飞
选题策划：耿　磊　　营销编辑：钟小文
责任编辑：戚　浩　　责任技编：王增元　郭　鹏
助理编辑：王丽杰

Picture acknowledgements:
B Brown 4b, curiosity 5t, volkansengor 5b, khryzov 7t, FatCamera 7b, TheWorst 8t, emholk 9t, megastocker 9b, Oleksandra Naumenko 10t, Tomacco 10l, lukeruk 15b, jennyt 16t, VartB 16b, Vladislav Gajic 17t, Amantes_amentis 17c, amathers 17b, Natali Snailcat 18b, Voropaev Vasiliy 19b, Illustratiostock 20t, stnazkul 21t, Lano Lan 24t, feiyuezhangjie 24b, gemredding 25c, gala_gala 26l, wanpatsorn 26r, Richard Whitcombe 27t, petovarga 27c, Aedka Studio 27b, Rawpixel 28bl, marugod83 28tr, FangXiaNuo 28tl, wavebreakmedia 28br, photokup 31b, Lisa S. 32t, Tim M 32b, Andrei Verner 33t, DN1988 33b, Danyliuk Konstantine 34t, nelya43 34b, LiliiaKyrylenko 35t, PRO Stock Professional 35b, Looker_Studio 40l, stockcreations 41b, Alex_Traksel 41c, kRie 46t, Everett Historical 46c, Qvasimodo art 46b

Illustrations on pages 23 and 39 by Steve Evans.

All design elements from Shutterstock.

著作权合同登记号桂图登字：20-2019-181 号

图书在版编目（CIP）数据

我们吃的食物 /（英）乔治亚・阿姆森-布拉德肖著；罗英华译．—桂林：广西师范大学出版社，2021.3
（生态 STEAM 家庭趣味实验课）
书名原文：The Food We Eat
ISBN 978-7-5598-3543-7

Ⅰ．①我…　Ⅱ．①乔…　②罗…　Ⅲ．①食品—青少年读物　Ⅳ．①TS2-49

中国版本图书馆 CIP 数据核字（2021）第 006956 号

在使用包括刀和燃气灶在内的任何厨房用品之前，一定要得到家长的许可。

广西师范大学出版社出版发行
（广西桂林市五里店路 9 号　邮政编码：541004
网址：http://www.bbtpress.com）
出版人：黄轩庄
全国新华书店经销
北京博海升彩色印刷有限公司印刷
（北京市通州区中关村科技园通州园金桥科技产业基地环宇路 6 号　邮政编码：100076）
开本：889 mm × 1 120 mm　1/16
印张：3.5　　字数：81 千字
2021 年 3 月第 1 版　　2021 年 3 月第 1 次印刷
审图号：GS（2020）3674 号
定价：68.00 元

contents
目录

食物、浪费和气候变化

食物是人类最基本的生活必需品之一。但现如今，世界各地生产粮食和加工食品的方式是不可持续的。这意味着如果我们不改变现在生产粮食和制造食品的方式，那么在不久的将来，由于气候和生态系统被破坏，地球将不再能承载那么多的人口。

破坏性因素

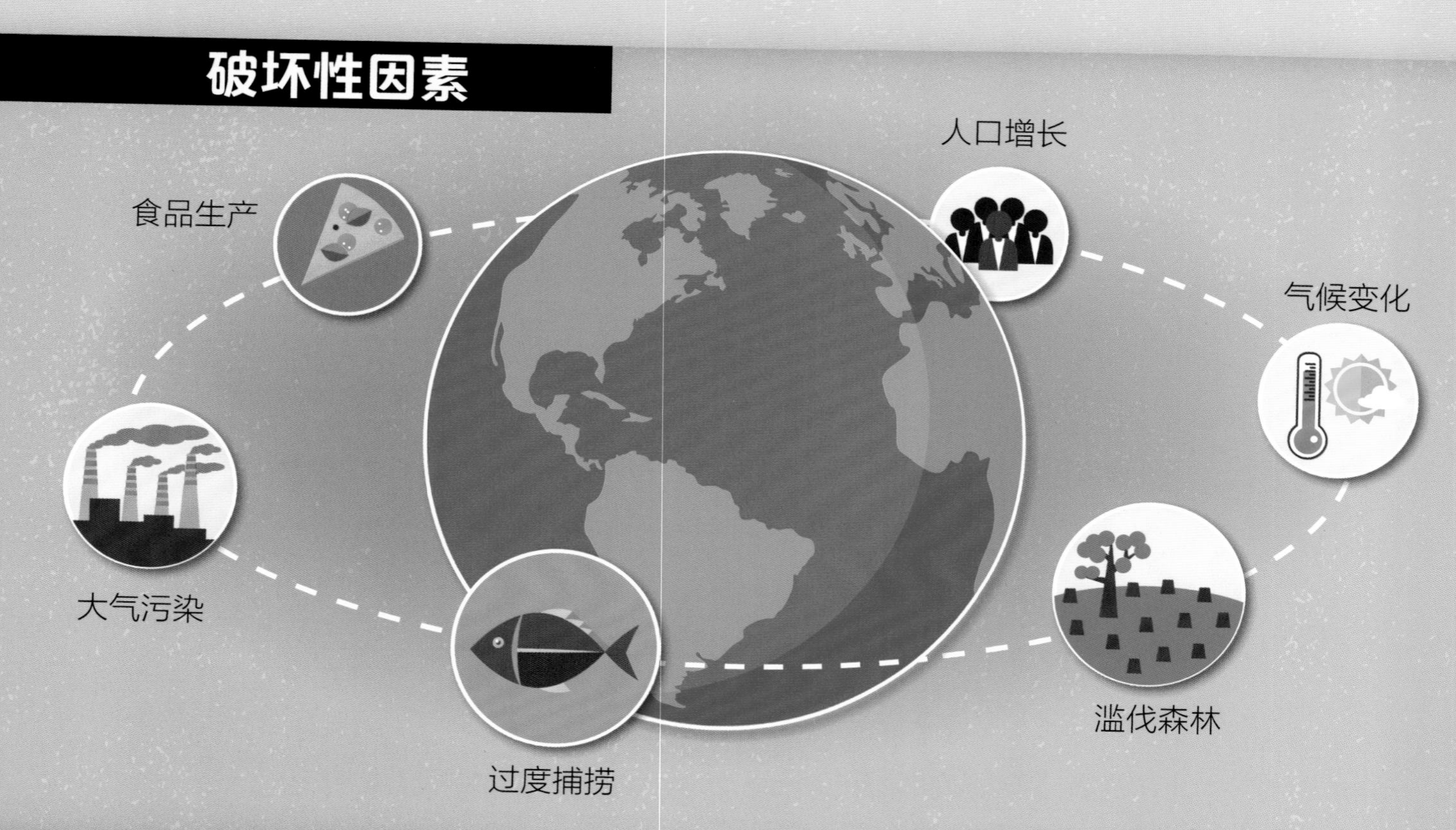

改变气候

当下我们的食品生产模式产生的主要问题之一，就是气候变化。尤其是畜牧业养殖的各种动物向大气释放了大量的温室气体，如二氧化碳、氧化亚氮、甲烷等。食品工业的各个环节几乎都会排放温室气体，例如，动物本身产生的废气，为动物制造饲料而种植农作物时释放出的气体，以及农用车辆排放的尾气，等等。

温室效应

大气中温室气体的含量上升之后，就会将来自太阳的热量积攒在大气层中，造成全球气温上升。这又将进一步改变世界各地的天气模式，导致一些地区面临着严重的干旱，而另一些地区则备受破坏力超强的暴风的威胁。

真浪费

我们现在购买和使用食品的方式，也造成了很严重的食物浪费和包装浪费。在英国，人们购买的食物中，有三分之一没有食用就直接被丢弃。并且，许多新鲜的农产品都是用塑料包装的，这些塑料往往会和厨余垃圾一起直接被送到垃圾填埋场，而不是被回收利用。这不仅造成了大量的资源浪费，还会导致塑料在垃圾填埋场中释放出甲烷或其他有毒化学物质，而且，这些有毒化学物质还会逐渐渗透进周围的土壤和地下水，造成污染的扩散。

是时候改变了

我们只有逐渐改变生产、运输和包装食品的方式，才能保持地球生态平衡，才能保护地球上所有生物（包括人类和各种野生动物）的健康。

重大问题

尽管目前世界范围内生产的粮食可以养活当下所有人口，但是粮食的分配却十分不均衡。现如今，粮食分配不均导致全球约 8.15 亿人处于饥饿状态，但同时还有 6 亿人患有肥胖症和与此相关的其他疾病。更重要的是，到 2050 年，地球上将再增加 20 亿人，这将给我们的粮食生产带来更大的压力。

粮食分配不均

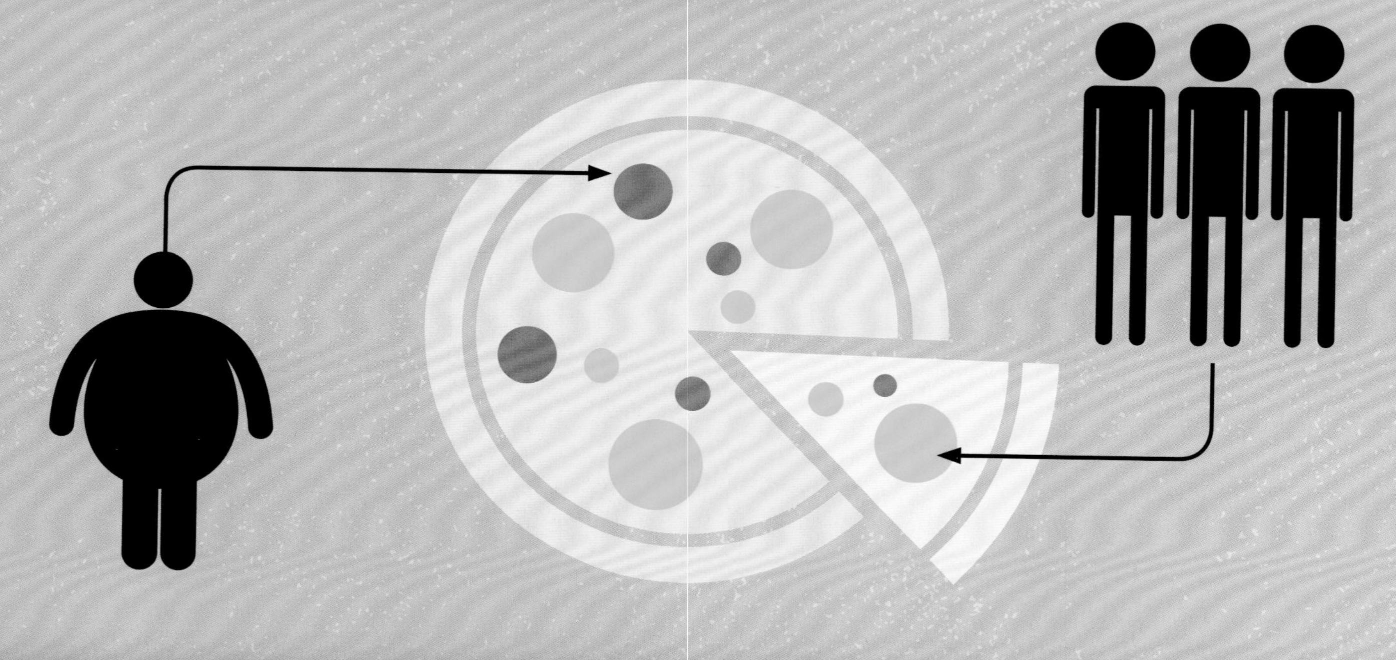

食物选择

即使在能够获得健康食品的国家，人们的食物偏好也可能带来问题。在一些国家，居民已经开始期望所有的新鲜食物能一年四季保持供应。同时，一部分人更加喜欢肉类和奶制品。在全球范围内频繁地运输新鲜食品，会导致大量的温室气体排放，而大多数人喜欢的以肉类食品为主的饮食习惯，也会导致温室效应的加剧。

更好的未来

好消息是，我们确实有知识和能力来解决以上这些问题，我们现在需要做的就是齐心协力一起解决它们。为了把大家的力量集中起来，需要更多的人了解这些问题，了解可持续发展的解决方案。所以，我们能做的就是开始传递这些信息，先从我们自身学起、做起吧！

通常，我们可以通过观察大自然如何应对同样的挑战，来总结解决这些问题的最佳方案。

有所作为

从这本书当中找出一些具体的问题和它们的解决方法。想一想你可以在自己的生活中做出一些怎样的改变，或者把自己学到的这些知识和想法告诉身边的人，看看会带来什么样的改变。

问题：
畜牧业的影响

请你想象一桌热气腾腾的饭菜。你会想到什么？芝士汉堡配薯条、沙拉，意大利芝士辣肠比萨，还是烤鸡配蔬菜和酱汁？也许，你想象出的任何一桌饭之中，都包含着大量的肉类或奶制品，甚至两者都有。在一些国家，居民会食用大量的肉类和奶制品。而这些肉类和奶制品的生产过程，会对地球的气候和生态系统产生巨大的影响。

野生动物的生存空间受限

人类最主要的土地利用方式就是农业生产，农业生产利用了地球上几乎一半的土地。尽管一片长满庄稼的田地或者一片养着动物的牧场看起来并不会损害环境，但这只是假象。大片的单作（只种植一种农作物）农田并不能为野生动物提供栖息地或食物。而野生动物重要的栖息地，如热带雨林，则每天都在被砍伐、焚毁，以便给人类腾出更多的空间来进行农业生产。

丧失栖息地，导致每天会有 150 ~ 200 种动物、植物灭绝，包括昆虫。

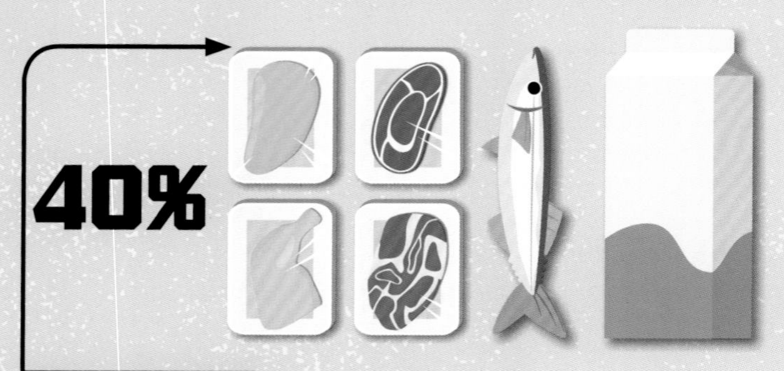

关注点：
肉类食物

在一些国家，肉、鱼和奶制品占居民日常饮食的 40%。

目前，全球 75% 的农业用地被用来饲养动物和种植它们食用的作物。

低效的方式

当然了，人类需要食物，需要均衡的饮食来保障健康。但是，就地球资源而言，我们用大量的肉类和奶制品来满足营养需求是一种十分低效的方式。按照重量计算，一头牛吃的谷物要比它最终产出的肉重 20 倍。这意味着，与植物性膳食相比，肉类膳食需要占用更多的土地和其他资源（如水）来生产。

为了保证地球可持续性地为全球人口供应食物，人类需要减少饮食结构中肉类食品的数量。

气候变化

畜牧业还会产生大量的甲烷，以及包括二氧化碳和氧化亚氮在内的其他温室气体。我们对汽车和飞机等交通工具排放出来的温室气体很重视，但畜牧业排放到大气中的温室气体，比全世界所有交通工具排放的总和还多。

饮食和营养

我们目前的饮食习惯对地球产生了一些负面影响。但这样的饮食习惯对我们自身有好处吗？我们到底需要吃些什么才能保持健康呢？均衡饮食是指每种必需营养素的摄取都能达到人体的需求量，且热量的摄取与消耗都能达到平衡。均衡饮食包括以下六个主要部分。

碳水化合物

这一类型的食物为身体活动提供了数量最多的能量。碳水化合物存在于许多不同的食物中，但最主要存在于面包、米饭、面条、谷物和麦片当中，一些水果和蔬菜当中也含有碳水化合物。膳食纤维也是一种碳水化合物，你可能听说过它对人体的健康非常重要，因为膳食纤维可以帮助我们消化食物。膳食纤维广泛存在于蔬菜、豆类和燕麦、全麦制品当中。

膳食纤维是碳水化合物的一种，但我们的身体并不能分解它。它的作用就像身体中的“扫帚”，可以把我们的消化道中的东西打扫干净！

脂肪

我们不仅需要少量的脂肪供给身体热量，还需要脂肪保持体温，以及帮助身体合成一些重要的激素。坚果、一些水果(如牛油果)和肉类食品中都含有脂肪。

蛋白质

饮食中含有的另一种重要营养素是蛋白质。我们依靠蛋白质重新生成身体中的细胞，形成新的肌肉、骨骼、皮肤、器官的组织。大多数人都知道肉、蛋、奶制品是很重要的蛋白质来源，但其实植物食品中也含有蛋白质，例如，豆类（包括大豆、扁豆和豌豆）、坚果以及其他植物的种子中，都含有优质的蛋白质。

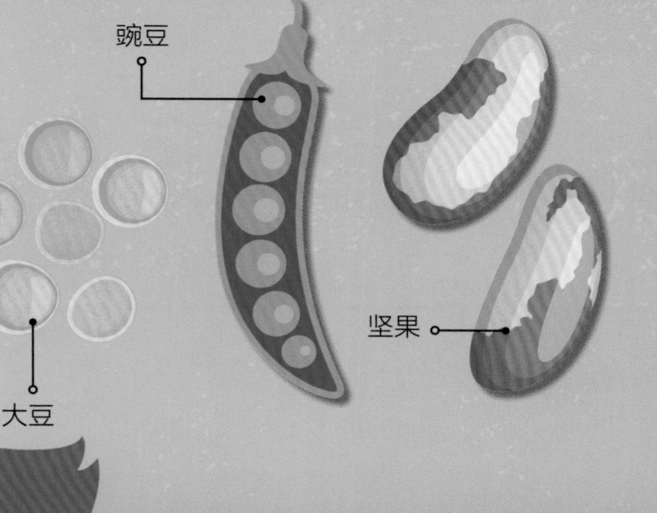

维生素

维生素是我们身体所需的一种物质。尽管我们的身体对维生素的需求量不大，但是维生素对于我们的身体健康来说却是必不可少的。维生素主要存在于食物当中，尤其是水果和蔬菜中。但我们也可以从其他途径获取维生素。例如，当我们在晒太阳的时候，身体会合成维生素 D。

你的身体大约

80%

由水组成！

矿物质

和维生素一样，我们的身体需要少量的矿物质来完成生理机能的正常运转，例如，制造新的细胞。矿物质是指钙、铁等来自岩石或金属的物质。植物食品和吃植物的动物提供的肉类食品中都含有这些元素，所以我们可以通过摄入食物来摄取矿物质。

水

我们可能想不到，水也是我们饮食结构中的一部分，事实上，水还是我们身体所需的重要物质！我们的身体大约 80% 由水组成，所以保持人体水分充足是至关重要的。

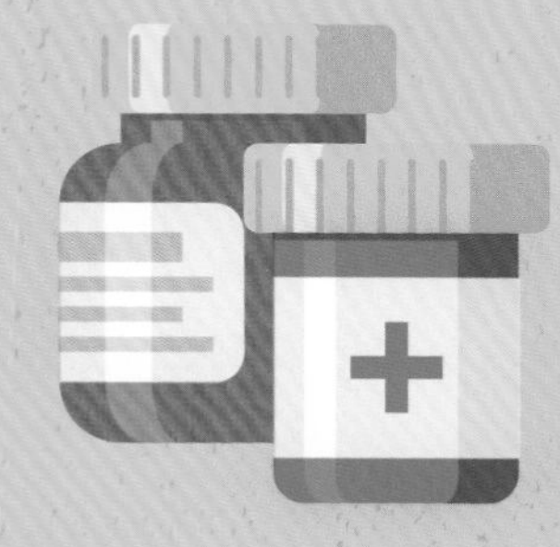

许多人会服用膳食补充剂来确保自己获得身体所需的维生素和矿物质。

解决它！设计营养均衡的食谱

看看这两页所有不含肉类的菜肴，你能用它们设计出一份美味的一日食谱吗？食谱要包括早餐、午餐和晚餐，也要注重营养的均衡搭配。食谱需要包含上面我们提到的六种营养素。如果你喜欢的话，也可以选择添加一些零食。

番茄酱意面

碳水化合物
维生素和矿物质

花生酱吐司

蛋白质
碳水化合物
脂肪

豆奶或坚果奶泡麦片

碳水化合物
蛋白质
脂肪
维生素和矿物质

咖喱扁豆蔬菜饭

碳水化合物
蛋白质
维生素和矿物质

烤蔬菜、鹰嘴豆吐司三明治

碳水化合物
维生素和矿物质

不含奶制品的水果、坚果饼干

碳水化合物
蛋白质
脂肪
维生素和矿物质

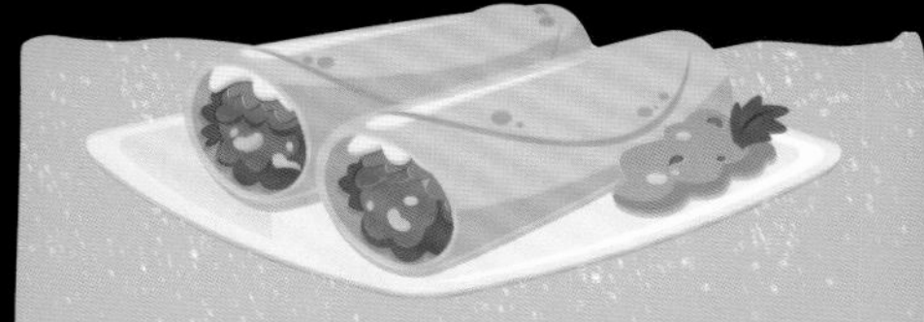

墨西哥豆、辣酱牛油果沙拉卷

碳水化合物

蛋白质

脂肪

维生素和矿物质

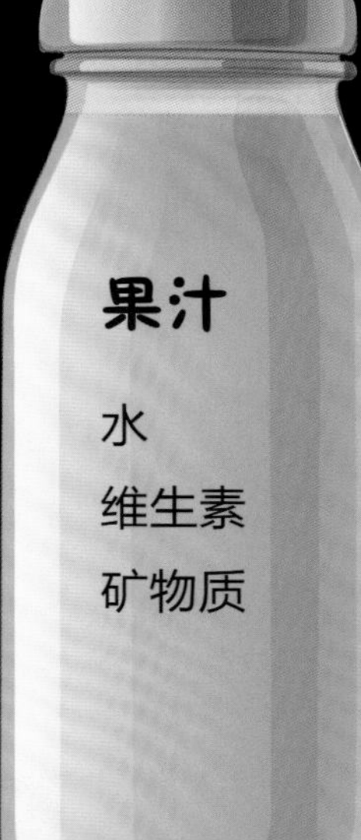

果汁

水

维生素

矿物质

豆子汉堡配薯条和沙拉

碳水化合物

蛋白质

维生素和矿物质

水果沙拉

碳水化合物

维生素和矿物质

蔬菜炒面

碳水化合物

维生素和矿物质

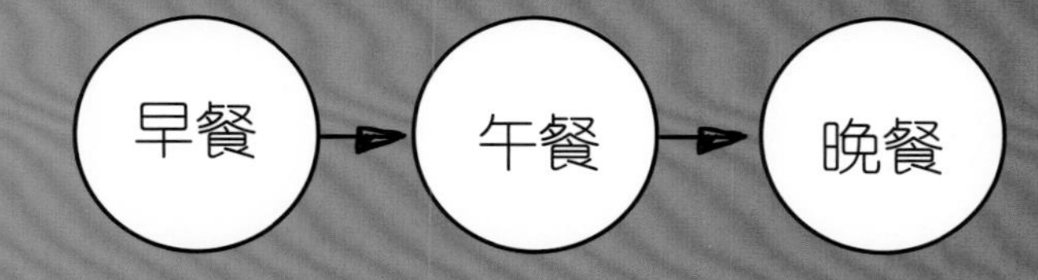

你可以根据这两页的菜肴设计出很多三餐饮食方案，只需要保证：

- ▶ 三餐营养均衡，包含了上面提到的六种营养要素。
- ▶ 你选择的菜肴可以为一天的生活带来丰富多彩的食物享受。

如果你想做一顿美味大餐的话，可以翻阅第 14 ~ 15 页。

你还可以进一步探索发现更多植物类食物，尽量每天只吃植物类食物。

想寻找搭配食谱的灵感？请翻到第 42 页。

试试看！制作豆子汉堡

豆子汉堡是富含蛋白质的营养食品，你自己就可以制作，还可以选择自己喜欢的口味。一定要记住，在使用刀具和炉灶之前，一定要经过大人同意。

你将会用到：

（制作 6 ~ 8 个汉堡）

- 1 个大红薯，或者 2 个中等个头的红薯
- 240g 煮熟的黑豆（沥干）
- 100g 糙米（约半杯）
- 50g 杏仁粉
- 大约 5 根大葱，切碎
- 2 勺干辣椒粉
- 盐若干
- 1 勺植物油

你还会用到：

- 汉堡面包胚
- 沙拉
- 你选的酱汁

第㊀步

把红薯切成两半，把切面平放在烤盘上，送进烤箱烤制 30 ~ 40 分钟，直到红薯完全变软。烤制完成后，取出冷却。

第㊁步

在烤制红薯的同时，煮糙米。

第㊂步

把沥干的黑豆放进大碗，把豆子捣碎，然后加入杏仁粉、切碎的葱末和干辣椒粉。

第（四）步

糙米煮熟后，如果含有的水分过多，请沥干后再放到碗里。

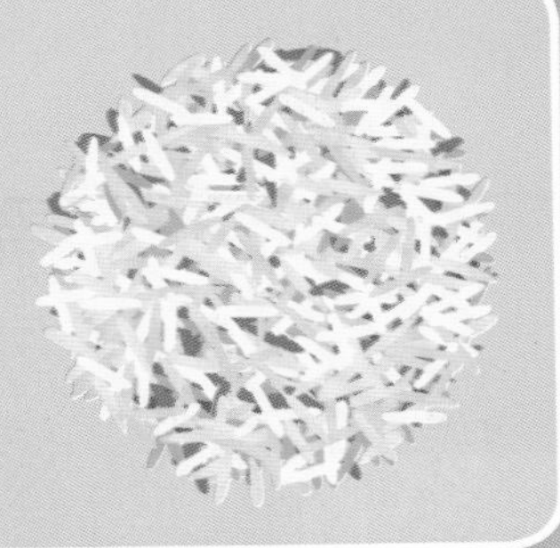

第（五）步

把烤熟并冷却后的红薯瓤挖出，放进碗中，剩下的红薯皮就可以扔掉了。

第（六）步

把碗里的所有东西搅拌在一起，加盐调味。

第（七）步

取1勺混合好的材料，整理成汉堡肉饼的形状，大概能做6～8个。

第（八）步

将平底锅中的植物油烧热，把做好的豆子“肉饼”放入锅中慢慢煎制，直到表面变得金黄。每面大概需要煎5分钟。请在成年人的监护下使用炉灶。

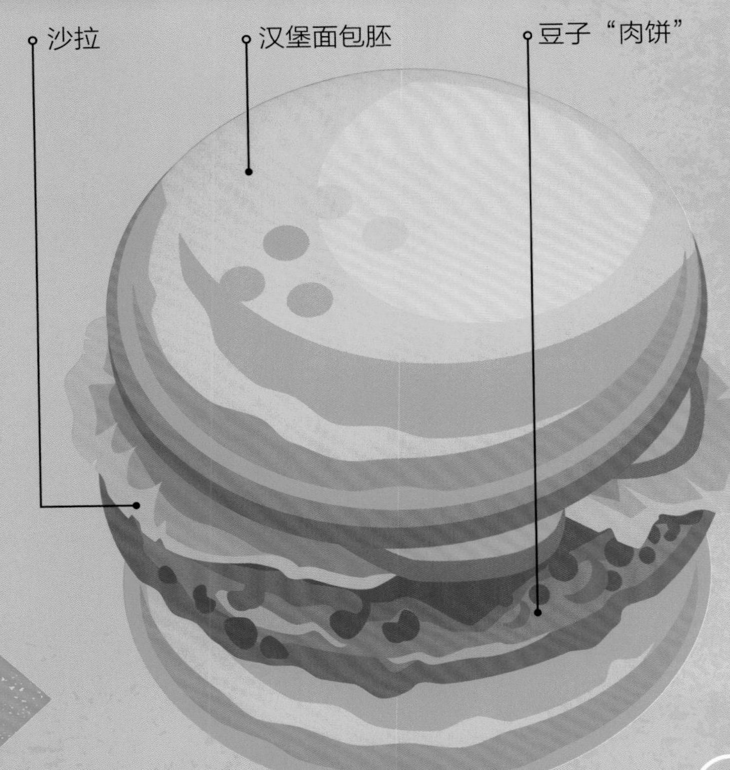

用准备好的汉堡面包胚、沙拉和你喜欢的酱汁，加上制作好的豆子“肉饼”，组合成一个完整的汉堡吧。

问题：过度捕捞

海洋当中

90%

可食用的鱼类，如金枪鱼和鳕鱼，几乎被人类捕捞殆尽。

地球表面的大部分被海洋覆盖，海洋里居住着地球上 80% 的生命体。在世界各地，数百万人从海洋中捕捞食物并以此为生。海洋如此之大，似乎其中的资源永远不会用尽。但不幸的是，事实并非如此。

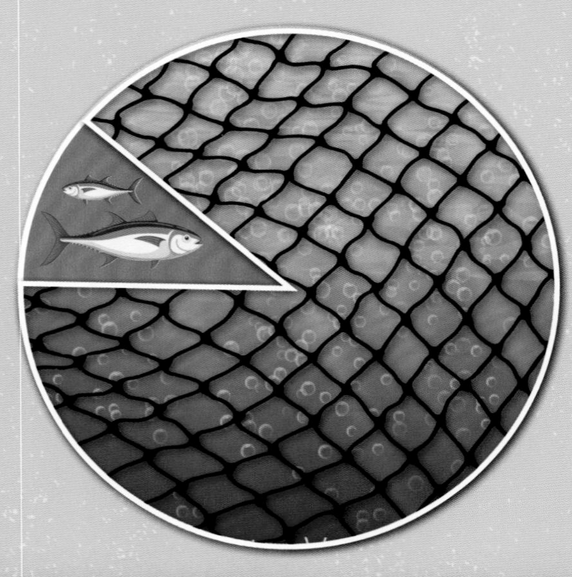

后续影响

过度捕捞是指人类从海洋或小溪、河流等淡水环境中捕捞鱼类的速度超过了鱼类自然繁殖的速度。因为有的鱼类会被当作主要的捕捞对象，过度捕捞某种鱼类，会导致自然食物链（食物链的相关知识见第 18 页）被破坏。例如，因为赖以生存的食物几乎被人类捕捞殆尽，海豹和海鸟等动物的数量正在大幅减少。

关注点：

角海鹦

因为海洋食物链被破坏，角海鹦正面临着物种灭绝危机。

鱼饲料

我们在养殖场中养殖的鱼类大部分是肉食性鱼类，如三文鱼。人类会从海洋中捕捞大量的小型野生鱼类喂养养殖场中的鱼。这样的行为破坏了自然的食物链，也使海洋、湖泊、河流的生态系统遭受越来越严重的破坏。

水域污染

人工养殖鱼类也会造成严重的水域污染。因为人工养殖往往会把鱼集中在一个封闭的空间，鱼粪和未食用的鱼食会形成大量废物。这些废物对于这个地区的其他动植物而言，可能是有毒的。

养殖鱼类

世界上大约有一半的鱼是人工养殖的。人工养殖的鱼会被饲养在养殖场的水箱或者湖泊和海洋中的大型围栏里。可是，即便有如此庞大数量的人工养殖的鱼类，我们还是会对野生鱼类进行贪婪的捕捞。

如果我们继续按照现在这样的速度捕捞鱼类，那么到 2048 年，世界上的渔业资源将枯竭。

食物链和生态系统

生态系统是由生活在特定地区内所有的动植物共同组成的。海洋包含许多生态系统。而地球上的大多数物种都生活在海洋当中，这些海洋动植物被食物链和食物网连接在一起。

一条海洋食物链

这条食物链的开端是生产者（通常是一种植物），生产者能够利用太阳的能量制造食物。紧接着，生产者被消费者吃掉。在海洋中，被称为“浮游植物”的微小植物会被虾吃掉。然后，虾会被更大的消费者（如小鱼）吃掉。小鱼又会被更大的消费者（如金枪鱼）吃掉。最后，鲸、海豹或者大型海鸟等又会把大鱼吃掉。

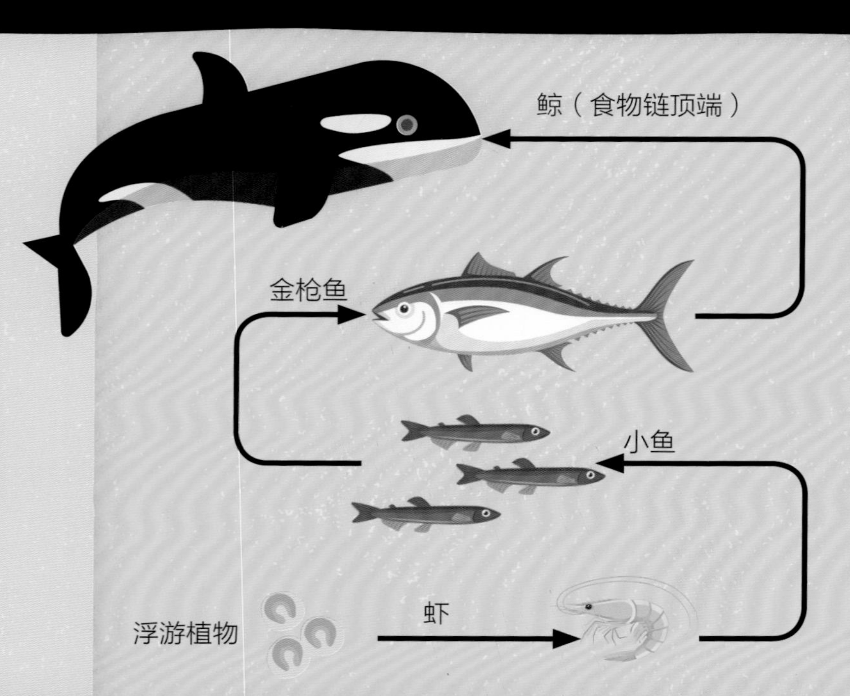

珊瑚礁是一个非常丰富的生态系统，里面存在着复杂的食物链和食物网。

相互交织的食物链

大多数生物都有不止一种捕食者和猎物，所以它们会出现在几条不同的食物链当中，当这些食物链交织在一起，食物网就出现了。例如，凤尾鱼可能会被海鸥、鲭鱼或者海象吃掉，而凤尾鱼会吃浮游生物和幼鱼。食物网意味着，当一个物种因过度捕捞而消失时，其他许多不同物种的动物也会受到影响。

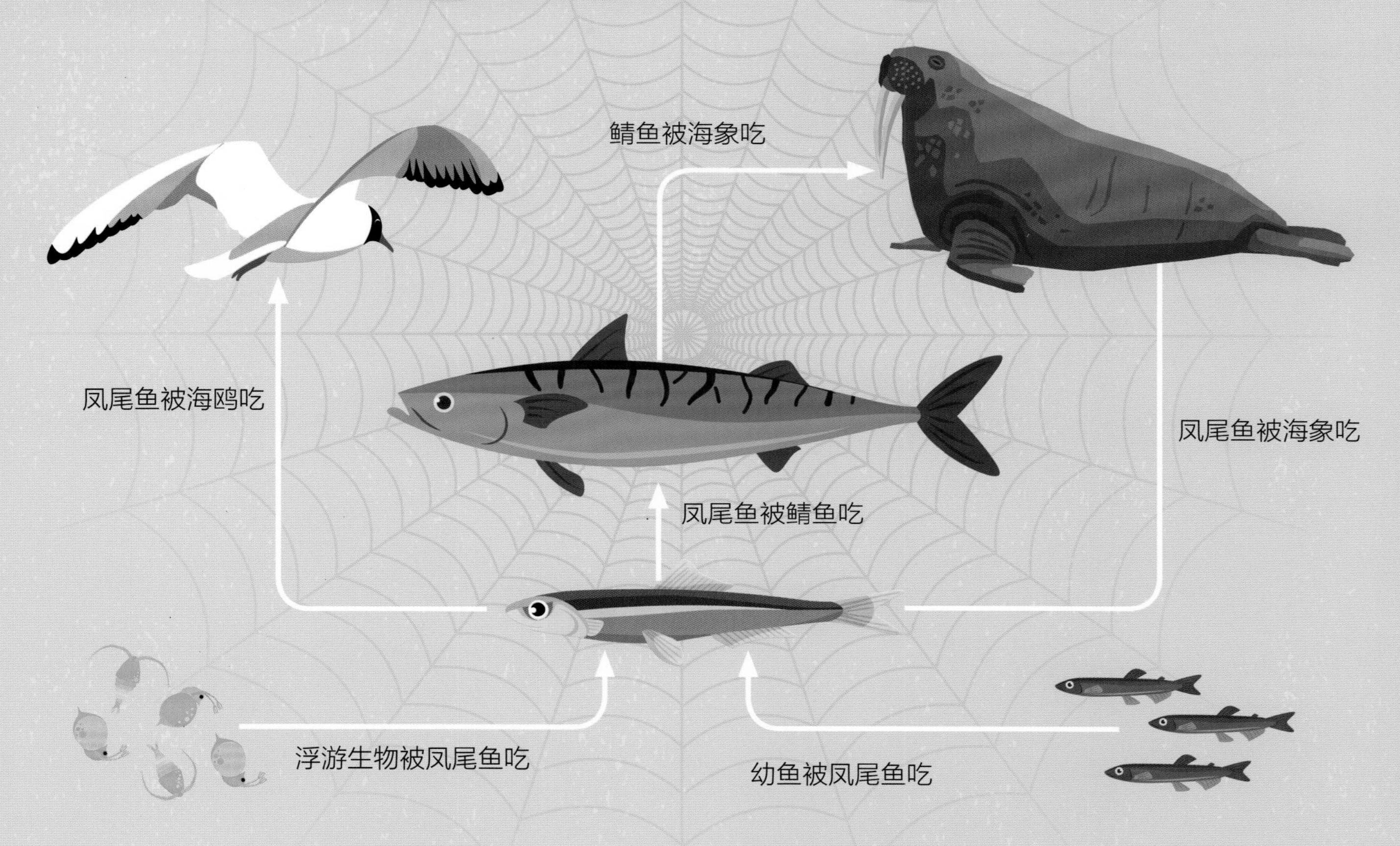

恢复生态系统

好消息是，如果鱼类不再被人类过度捕捞，它们的数量就会逐渐恢复。因此，如果我们现在就停止过度捕捞，海洋等各种水域的生态系统也会逐渐恢复正常。除此之外，我们还可以在不污染河流或海洋的情况下养殖各种鱼类。

幸亏有了更严格的监管，英国北海的鳕鱼在几乎被捕捞殆尽之后，种群的数量终于开始缓慢回升。

解决它！可持续渔业

购买那些濒危的鱼类，这样就能够减少过度捕捞的危害。我们可以选择一些淡水鱼类，如罗非鱼，这种鱼是以可持续的方式养殖的。结合下面列出的五个事实，设计一个可以同时以可持续的方式养鱼和种植农作物的高效系统。

事实一

罗非鱼是以植物为食的淡水鱼，能吃蔬菜碎屑。

事实二

生菜等植物需要充足的养分才能正常生长。

事实三

罗非鱼需要生活在清洁的水域当中，但是和世界上其他动物一样，它们也会排泄废物。

事实四

植物能够吸收鱼粪中的营养，从而净化水源。

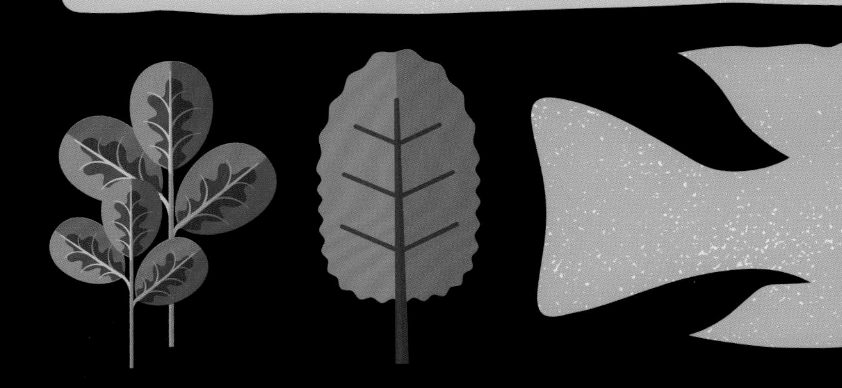

事实五

罗非鱼的鱼粪当中含有植物生长所需的营养成分。

你能解决它吗？

仔细想想这个可持续系统中的各个要素，包括鱼食、鱼粪、水和植物产生的废物。

设计出一个这样的系统：

▶ 水源能时常保持洁净；

▶ 植物能吸收到其生长所需的充足养分；

▶ 鱼类排放出的污染物不会影响河流和海洋。

把你想到的设计方案画在一张海报上吧。

还是不确定？翻到第43页看看答案吧。

试试看！在水里种生菜

根系的东西，我们就能够在没有土壤的情况下种植植物了！这种种植方式被称为“水培”。这种植物种植方式还可以和养鱼结合，创造一个“鱼菜共生”的循环系统。（想要了解更多这方面的知识，请翻阅第 43 页）

你将会用到：

- 1 个容量为 2 L 的塑料瓶
- 椰糠（可以从花园用品商店或网上购买）
- 雨水或矿泉水
- 1 条棉布条
- 植物水培肥料（用于种植食用植物，可以从网上购买）
- 一些生菜种子
- 1 把剪刀

第一步

把塑料瓶顶部剪下来。顶部是“花盆”，用来种植；底部是“蓄水池”，用来盛水。

把剪下来的瓶子顶部倒过来，插进瓶子底部。将棉布条穿过瓶口，伸进瓶子底部。这样，它就可以将水从底部的“蓄水池”中引流到上面的“花盆”里了。

按比例把植物水培肥料和水混合起来。把混合好的液体倒进“蓄水池”，水位不要超过瓶颈所在的位置。

第四步

把椰糠弄散，然后放进“花盆”。在放椰糠的过程中，你需要确保从下面“蓄水池”中穿过来的棉布条被椰糠包裹在正中间。

第五步

在椰糠下面埋上 3 ~ 4 粒种子。把瓶子放在阳光充足的地方，让“蓄水池”里的水位保持在最高水位，然后就耐心地等待吧！在几周的时间之内，你应该能看到小苗长出。

第六步

如果有不止一粒种子发芽了，你需要把比较瘦弱的小苗拔掉，给最粗壮的小苗提供充足的生长空间。当小苗长大之后，你就可以收获自己种出的生菜，然后再把它们吃掉啦！

问题：

包装带来的问题

食物在被送到商店之前，往往会经历一段很长的旅程。在这段旅程当中，我们需要包装以保持食物的完整和新鲜。毕竟，没有人愿意购买或者食用一份又不完整又不新鲜的食物。

神奇的塑料

塑料可以被塑造成任何我们需要的形状和材质。由于生产成本低、使用方便，塑料经常被用来包装需要运输的食品。

白色垃圾

不幸的是，塑料造成了很多环境问题。在全球范围内，人类每年使用的约 33% 的塑料被抛弃到海洋等自然环境当中，对自然环境造成了严重污染。

太平洋上有一片区域，集中了许多漂浮而来的塑料垃圾，被戏称为“太平洋垃圾带”。根据一些科学家估计，这个垃圾带的面积约有 350 万平方千米，比整个印度国土面积还大！

一次性塑料制品

我们正越来越频繁地使用各种塑料制品，尤其是杯子、吸管等一次性塑料制品。这些东西只在很短的时间之内被使用，用完之后就会被扔掉。尽管有些可以被回收再利用，但事实却是绝大多数的塑料制品没有被回收，而是最终流入垃圾填埋场或者海洋当中。

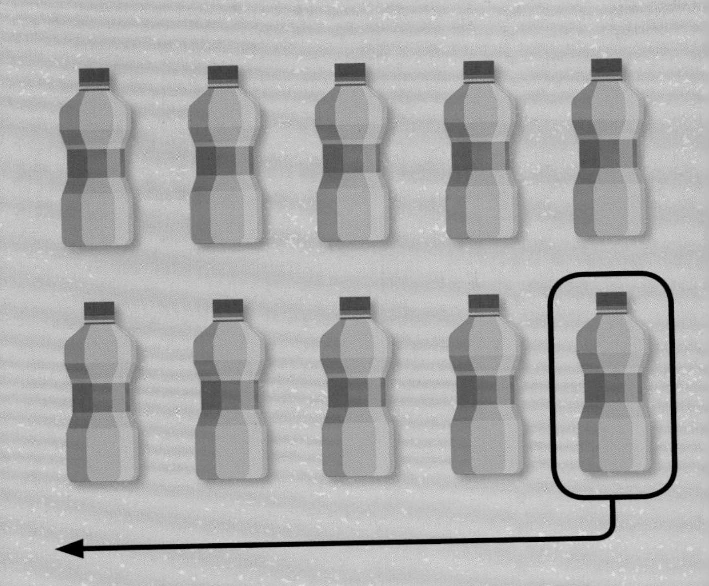

全世界只有 10% 的塑料制品被回收利用了。

回收利用率低

在全世界，由于缺乏有效的回收和处理系统，塑料的整体回收利用率非常低。可能很多人都不知道我们应该怎样或者在哪里回收使用过的塑料制品。

肮脏的垃圾

食品包装的回收还面临着一个问题。就算我们改进了回收系统和改变了生活习惯，但除非塑料制品本身十分干净，不然它还是不能被回收利用的，例如，外卖塑料包装盒上如果有食物残渣，就无法被回收。

塑料会在水里释放出有毒的化学物质。同时，海洋动物可能会不小心吃掉这些塑料垃圾，或被它们缠绕住。总之，塑料垃圾对海洋动物产生了极其严重的影响。

塑料的特性

我们为什么会用塑料这种东西包装各种各样的食品呢？这是因为塑料具有几种与众不同的特性，使它能够用于食品包装。

神奇的材料

20 世纪初，当塑料刚刚被发明出来的时候，它被人们誉为“神奇的材料”。有了它，人类确实能够制造出各种有用的东西。从玩具、餐具到假肢和飞机，塑料满足了人们多种多样的需求。

永不消失

塑料有一个既是优点也是缺点的特性：它不会分解。所以自然环境中的塑料垃圾不会自行消失。科学家们已经计算出，如果塑料垃圾继续按照现在的速度排入海洋，到了 2050 年，海洋当中的塑料垃圾数量甚至会超过生活在其中的鱼类。

化石燃料产品

绝大多数的塑料都是由石油的副产品加工而成的。石油是一种从地下开采出来的化石燃料。石油在数百万年的时间内，一直储存着地下的碳元素。而将石油的副产品加工成塑料需要改变原料的化学结构，这会导致大量的二氧化碳排放，进一步造成气候变化。

可堆肥塑料

科学家们正在研发由天然材料制成的可堆肥塑料。这种塑料的分解速度很快，所以可以用来包装短时间内就会被消耗的食品。在使用之后，这种塑料可以和食品垃圾一起被制作成堆肥。

玉米塑料

用玉米等植物代替石油制造塑料的技术已经逐渐成熟。然而，尽管使用植物制造塑料能够减少碳排放，但我们还是得对这些塑料制品进行回收利用才能避免污染，因为许多植物塑料也不易分解。

解决它！防止塑料污染

要防止灾难性的塑料污染物涌入海洋，意味着我们要改变处理塑料污染物的方式，并且在一开始就减少对塑料制品的使用。看看下一页中不同的塑料制品，想一想，用“4R”（减少使用、重复利用、回收、重新思考）的方法可以怎样减少塑料污染的问题。

① 减少使用　减少对塑料制品的使用。

② 重复利用　重复利用塑料制品，或者把它们加工成有其他用途的物品。

③ 回收　把使用过的塑料回收，制成新的物品。

④ 重新思考　重新思考我们制造和依赖塑料制品的全部情况。

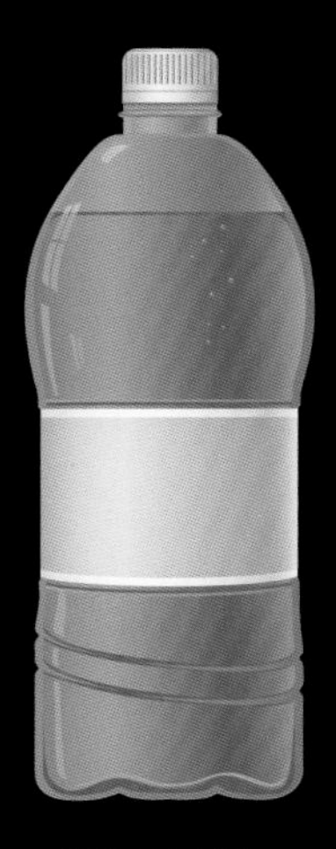

塑料饮料瓶

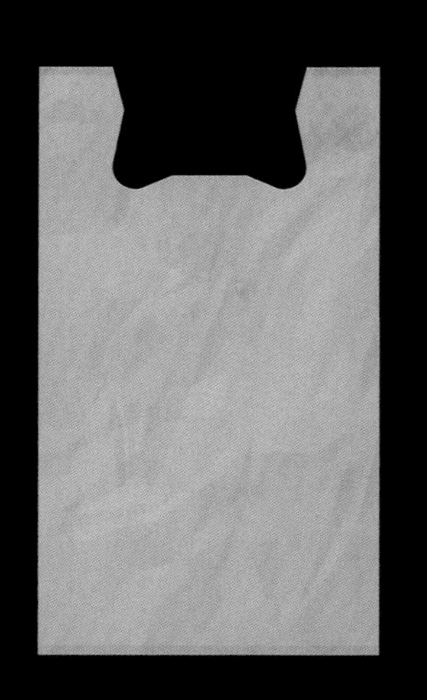

塑料袋

塑料饭盒

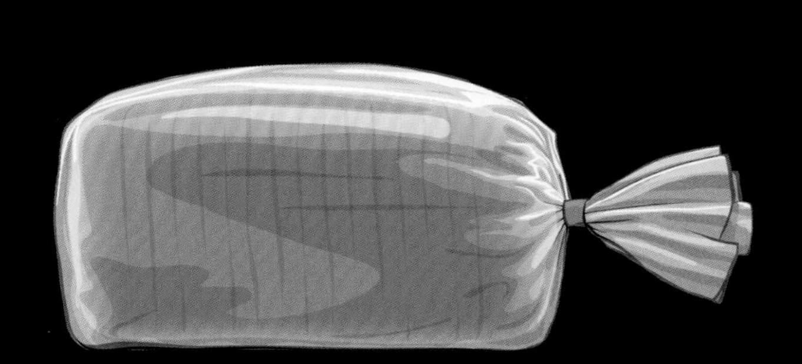

面包的塑料包装袋

塑料内衬咖啡杯

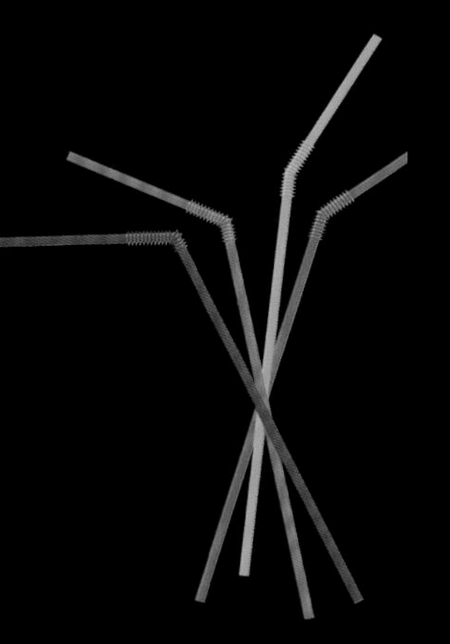

塑料吸管

你能解决它吗？

* 减少使用　* 重复使用

* 回收　* 重新思考

这一页上的很多塑料制品都可以被重复利用、回收或者被其他环保的材料替代。

▶　画一张海报展示自己是如何利用“4R”来减少塑料污染物，避免塑料污染物进入垃圾填埋场或海洋的。

想不出来？翻到第 44 页看看建议吧！

试试看！制作玉米塑料

物性的可再生塑料，用来替代由化石燃料制成的塑料。这种新型塑料又被称为“生物塑料”。跟着下面这些步骤，试着在家里制作简易的玉米塑料吧！

你将会用到：

- 铝箔或防油纸
- 1勺玉米粉
- 4勺水
- 1勺甘油
- 1勺醋
- 1个平底锅
- 炉灶
- 1把硅胶铲子

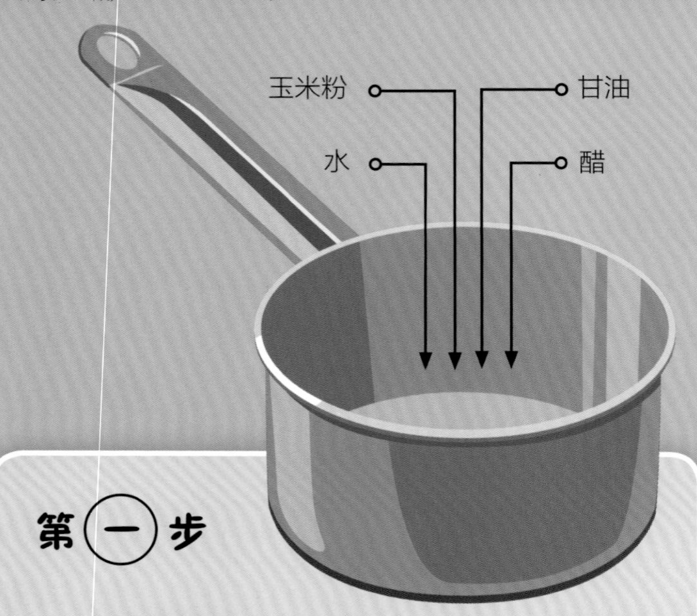

第一步

将所有配料放入平底锅，将它们充分搅拌在一起，混合后应该会产生乳白色液体。

第二步

把锅放到炉灶上，开小火加热，同时用铲子不停地搅拌。随着温度升高，锅中的混合物会变得越发浓稠。一定要在家长在场的情况下，才能使用炉灶。

第三步

当锅中的混合物变得黏稠并且变成半透明状态的时候，关火，冷却。

第四步

把冷却的混合物倒在铝箔或者防油纸上，用铲子把混合物摊成薄薄的一层。

第五步

让混合物干燥至少三天。等到完全干燥之后，你就获得了一层薄薄的、有弹性的玉米塑料薄膜。

更进一步

你也可以把混合物涂在一块纱布或者其他的布料上，让制成的玉米塑料变得更加坚硬。尝试把做好的玉米塑料放进水里，看看会发生什么。

关注点：

PLA

PLA是一种由玉米制成的生物塑料。下面这些杯子就是由PLA加工而成的。这种塑料的特性和石油制成的塑料（最常见的一种石油塑料被称为“PET”）很相近。所以，现有的用来生产加工石油塑料的标准设备就可以用来生产和加工PLA。

问题：食物浪费

在美国，粮食产量是国民需求量的 3～4 倍。尽管美国和大多数欧洲国家会生产大量额外的食物，但在世界上的其他地方，还有数百万人每天都在为了填饱肚子而苦苦挣扎。既然还有人吃不饱，为什么食物还会被浪费掉呢？全球粮食分配不均造成了极大的粮食浪费。

挑剔的食客

很多食物甚至还没被摆上超市货架就被扔掉了。超市对水果和蔬菜的外观有着非常严格的要求。其实长得弯弯曲曲的胡萝卜和个头很小的苹果也非常好吃，但它们可能连被放在超市货架上的机会都没有。

日常生活中，大约有 33% 的蔬菜和水果会因为大小或形状不合格而被直接扔掉。

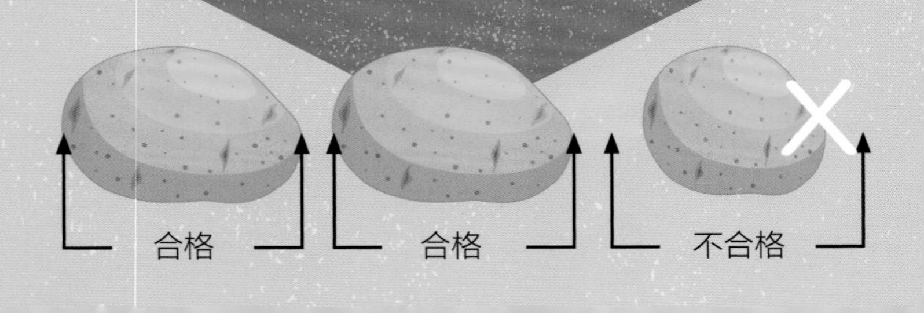

厨房的垃圾桶

还有更多的食物在被人吃掉之前就被扔进了厨房的垃圾桶。这多半是因为食物变质了。在垃圾填埋场，这些食物会进一步腐烂，产生甲烷气体。由于它们和塑料等材料混合在一起，不能被回收利用。所以，食物当中那些原本能回归到土壤当中的营养物质就都被浪费了。

在英国，人们平均每年要浪费超过700万吨的食物，因为居民们买了太多的食物，根本吃不完，又或者是因为他们不知道应该怎样更好地利用这些食物。而在美国，每年会有5500万吨食物被浪费！

通过堆肥，食品垃圾可以转化成植物的肥料

更好的解决方法

食品垃圾可以不必送往垃圾填埋场，而被加工成堆肥，或者变成另一种食物——如果被当成动物饲料的话。在一些国家，猪就是用食品垃圾喂养的。但在2001年，一场波及农场动物的口蹄疫爆发了，用食品垃圾喂养牲畜的行为被欧盟认定为非法。后来人们发现，只要将这些食品垃圾煮熟再拿去喂养动物，就不会有致病的风险了。所以，食品垃圾可以拿去喂猪，然后变成香肠和培根！

分解

把食物送进垃圾填埋场是一种极大的浪费。这些食物会在腐烂的过程中释放出大量的甲烷气体，进一步加剧气候变化。大自然自身是不会产生释放大量甲烷的。那么，如果排除人类带来的影响，动植物在大自然中会经历怎样的旅程呢？

养分循环

当叶落归根，或者动植物死亡时，它们所储存的营养物质会通过分解过程被大自然回收利用。不同种类的生物都会在分解的过程中发挥作用，包括甲虫和它们的幼虫、木虱、蠕虫、真菌、霉菌和细菌。这些生物会把动植物尸体当作食物，然后把其中的物质分解得越来越小，直至其返回土壤。

养分在生物体和土壤之间的循环过程被称为“养分循环”。

腐烂的水果、落叶中的营养物质会回归土壤

植物靠吸收土壤中的养分生长、开花、结果

养分丰富的土壤

土壤是由岩石中的矿物质、水、空气和死亡动植物中的有机质混合而成的，其中含有丰富的养分。分解就是让动植物尸体中的营养物质重新回归土壤的过程。养分回归土壤之后，又会被植物吸收利用——而植物又能为人类再次提供食物。

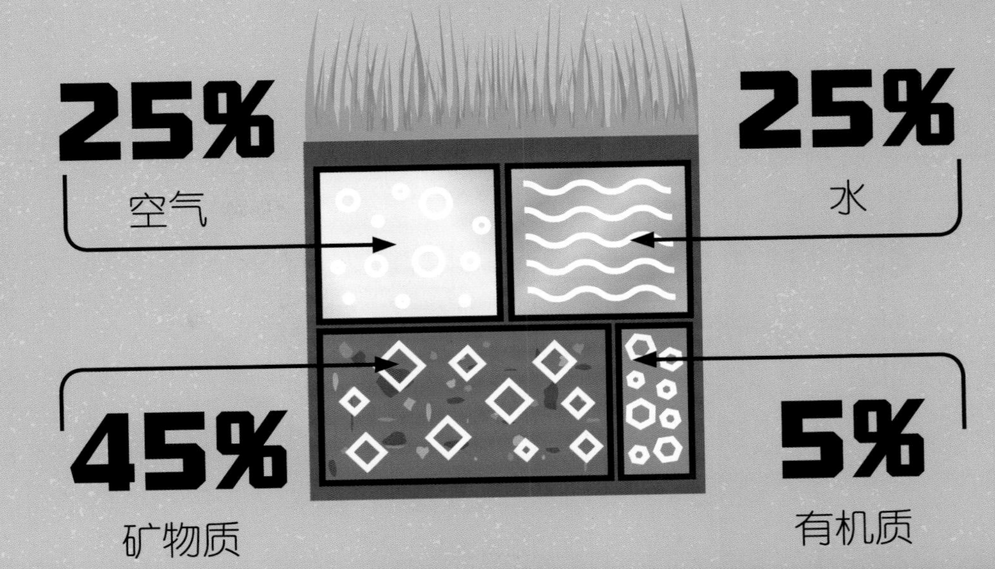

二氧化碳释放

自然分解的过程确实也会释放出二氧化碳，然而，大自然自身能够处理一定数量的二氧化碳。因为在植物光合作用的过程中，植物会吸收二氧化碳，并把它转化成自身生长所需的养分，所以在大自然中，二氧化碳的数量会维持平衡。

气体问题

自然分解和垃圾填埋场中发生的食物腐烂是不同的。它们的关键区别在于，垃圾填埋场中的废弃食物在腐烂的过程中无法接触到充足的氧气。所以，这些食物在被细菌分解之后会生成大量的甲烷，而不像自然分解那样生成二氧化碳。甲烷是一种破坏力更强的温室气体，而且它不像二氧化碳那样能被植物吸收。

甲烷

二氧化碳

作为温室气体而言，甲烷的破坏力是二氧化碳的 34 倍。

解决它！无废物制糖

大自然当中不存在食物浪费这回事，因为每样东西都可能是其他生物的食物，养分在生态系统中被循环利用，所以没有“浪费”一说。我们可以把同样的理念运用到食物生产的过程中，把食物生产过程中产生的废物加工成堆肥，或者充当动物饲料。南美洲就有一家小规模的制糖厂采用了一种可持续的无废物制糖方法。下面就是这个方法中涉及的各个阶段。你知道这些阶段是怎么组合成一个不会产生任何废物的制糖流程的吗？

事实一

甘蔗在生长的过程中会从土壤中吸收养分。

事实二

甘蔗在收获之后，会被驴子运送到工厂进行加工。

事实三

加工之前，甘蔗的叶子会被工人从含糖的茎干上切下来。

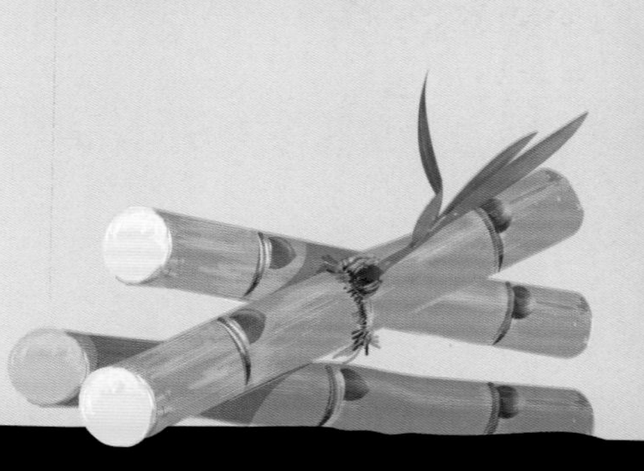

事实四

驴子喜欢吃甜的东西，也能消化植物的纤维。

事实五

在加工的过程中，甘蔗的茎干被榨成汁之后，会留下含糖的高纤维残渣。

事实六

甘蔗汁会被送去加热。在加热过程中撇去顶部黏稠的浮沫，等到其中的水分全部蒸发后，就得到了纯净的糖。

事实七

驴子进食之后会产生粪便，其中含有植物生长所需的营养物质。

你能解决它吗？

仔细思考这个制糖过程的每个阶段。看看在每个阶段中，都利用了什么，制造了什么，又产生了什么废物。

- **如何变废为宝？**
- **你能设计出一个让养分循环起来的系统吗？**

画一个带箭头的流程图，为大家展示养分在每个阶段都是如何被重复利用的。

还是不确定？翻到第 45 页找找答案吧。

试试看！自己做堆肥

堆肥又被称为“混合肥料”，主要成分是腐烂之后产生的有机物。农民和园丁会制作堆肥，然后把它们施加到土壤中，帮助植物更好地生长。通过下面这个实验，尝试制作一小罐堆肥吧。

你将会用到：

- 1个容量为2L的塑料瓶
- 1把剪刀
- 一大把稻草
- 一大把干树叶，剪成小块
- 一些吃剩的水果和蔬菜，切成小块
- 一大把土（可以从外面取回来）
- 1根橡皮筋
- 1根棍子
- 水

你可以选用：

- 1个碟子
- 一些金盏花种子

第一步

把塑料瓶的顶部剪掉，这样你就获得了一个高高的可以用来制作堆肥的罐子。

第二步

把准备好的原料一层一层地放入堆肥罐子当中。先放一些土壤，然后放稻草和干树叶的混合物，紧接着放水果和蔬菜的碎屑。然后重复这个顺序，每种类型的原料多码几层。

第三步

最后在上面铺一层泥土，但是要记得留出一些空间，让原料混合在一起的时候不至于撒出来。

第四步

往瓶子里加水，让瓶子里的混合物湿透，但又没有积水。

第五步

用布盖住瓶子，然后用橡皮筋把布固定好。再把瓶子放在阳光直射的地方。

第六步

几天之后，用棍子把瓶子里的东西搅拌均匀，如果混合物看起来有些干燥，就再加点水。每隔几天搅拌一次，必要的时候加一些水。几周之后，混合物应该就会变成深色的泥土状物质。

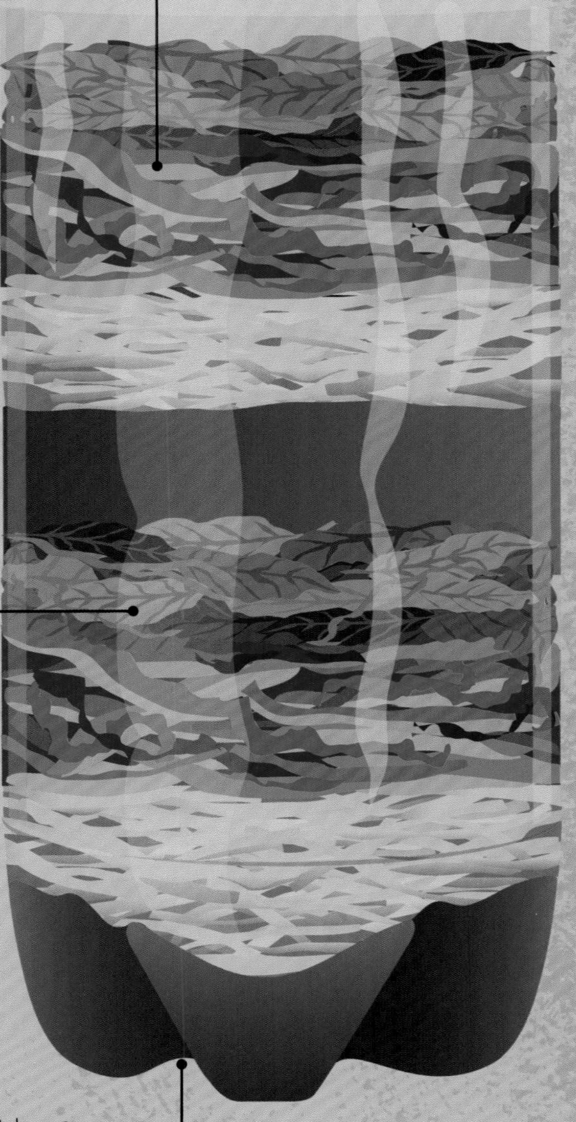

更进一步

当堆肥制作完成，你可以把瓶子修剪一下，让其高度保持在堆肥上方 3 厘米左右就可以了。然后在瓶子底部戳几个排水孔，在堆肥里种上几粒金盏花的种子。再把瓶子放在阳光充足的地方，底部垫上一个碟子。给瓶子里的堆肥浇上水，保持湿润。然后你就耐心等待种子发芽吧。

未来的食物

这本书里只提供了一些能够让我们生产食物的方式变得更加可持续化的方案，但其实还有很多其他方法。全世界的科学家和工程师都正在努力地解决我们面临的这些问题。最好的解决方法总会把当地最重要的问题考虑进去，比方说缺水、地势陡峭或者正处在城市化进程当中，等等。以下是未来人类食品生产领域可能会发生的一些激进的变革。

食用昆虫

你会把长了六条腿的动物当作零食吃掉吗？昆虫在未来可能会成为人类重要的食物来源。没错，这是真的！虽然吃虫子听起来是一件很恶心的事，但是在世界上的一些国家，这已经非常普遍了。以昆虫为基本饮食的生活方式在未来可能会传播到世界各地。这是因为养殖昆虫比起养殖其他的牲畜节约空间。一些由昆虫制成的食品已经上市销售了，比如，用蟋蟀做成的蛋白粉。

同等质量的蟋蟀中的蛋白质含量是牛肉中的2倍，其中的维生素和矿物质含量也比牛肉中的高。

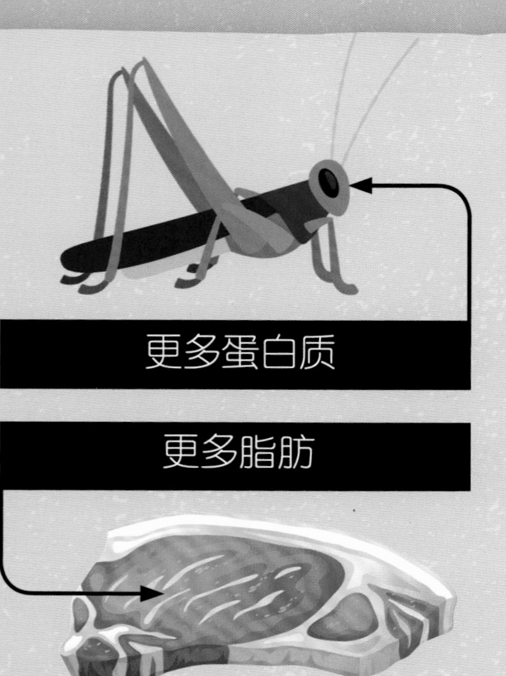

昆虫动物饲料

不管人类是否开始吃昆虫，利用苍蝇幼虫制造鱼类和其他动物的饲料的工作早已经开始了。这项工作的开展，不仅将极大地减轻鱼类繁衍的压力，更能减轻土地和水资源所面临的压力。

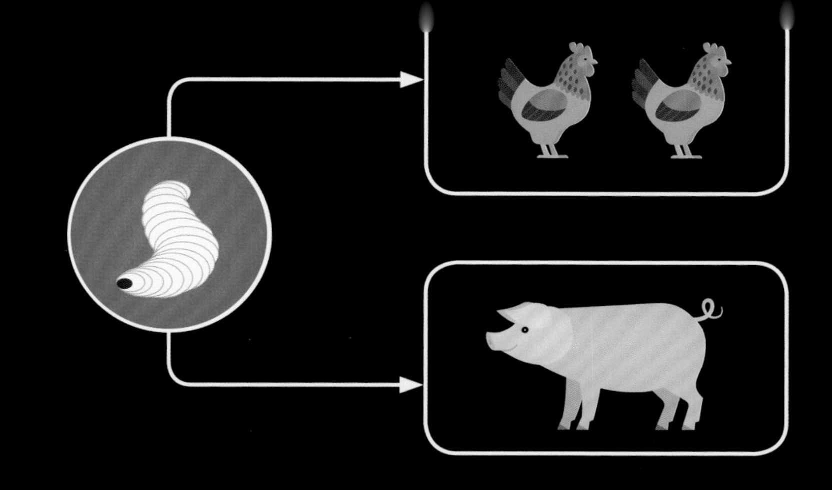

实验室中制造的鱼和肉

这听起来可能有点儿像科幻小说里的情景，但很多公司确实已经开始研发在实验室中培养动物组织（也就是肉）的技术了。我们从商店里买来的汉堡肉饼，其实已经经过了切割、调味等加工，所以，如果工厂可以制作出和肉类完全一样的细胞组织，那我们就不用再从活体动物身上获取肉类了。食用人造肉和人造鱼类可以减少对环境的破坏，并且能够减少对金枪鱼等濒危物种的捕捞，从而保护这些物种。

植物性肉类

这种肉的质地和真正的肉相似，但它们是由植物或真菌蛋白制成的。这种产品已经存在了好几年，而且生产技术已经发展得越来越先进。食品制作公司正在研发生产不同类型的蛋白质，并且将这些蛋白质混合成真假难辨的肉类替代品。

答案

解决它！ 设计营养均衡的食谱 第 12~13 页

这个挑战没有固定的答案。下面是几个可以构成一日三餐的菜单示例。

添加膳食补充剂

如果你想获取身体所需的维生素和矿物质，那么吃各种各样的蔬菜和水果可以在很大程度上帮助你实现这个目标。但是有一些维生素和矿物质，例如，维生素 B_{12}、维生素 D、硒和碘，在蔬菜和水果中的含量很低，甚至没有，所以，完全素食的人需要经常服用膳食补充剂维持身体健康。因此，如果你想成为一个彻底的素食主义者，你需要确保自己能获得身体所需的所有营养。

解决它！ 可持续渔业 第 20～21 页

利用水培技术同时养殖鱼类和种植农作物，是一种既高效又可持续的方式。所以，这个挑战的答案就是，把养鱼的容器和无土水培的蔬菜种植床连接在一起。

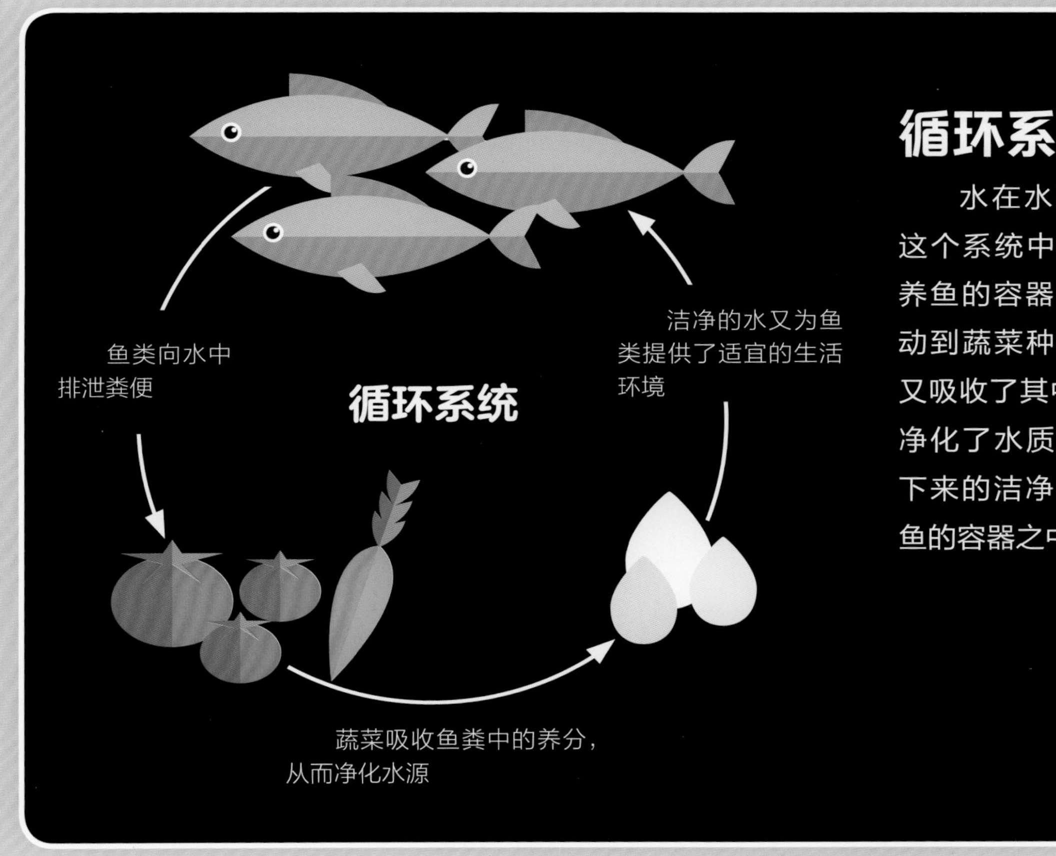

循环系统

水在水泵的作用下，在这个系统中是循环流动的，养鱼的容器中的污水可以流动到蔬菜种植床上，而蔬菜又吸收了其中鱼粪里的养分，净化了水质。从种植床上流下来的洁净水又会被送进养鱼的容器之中。

鲜鱼和贝类

不仅罗非鱼可以在水培循环系统当中进行养殖，大多数淡水鱼类都可以这么养。小龙虾、对虾和淡水贻贝也可以通过这种方式进行养殖。

答案

解决它！ 防止塑料污染 第 28～29 页

第 29 页上所有的塑料制品都可以被回收、重复利用。下面只是一些采用“4R”的思路处理这些塑料制品的方法，你还可以想出更多的方法。

塑料饮料瓶

回收：大多数塑料饮料瓶使用的都是 PET 塑料，这种塑料经过回收之后可以被做成新的瓶子，或者加工成其他的塑料制品，比如说化纤。

重复利用：因为空气可以阻隔热量，所以，在建造新房子时，空塑料瓶可以用来做墙壁和屋顶的隔热材料。

塑料饭盒

重新思考：可分解的塑料外卖容器可以和食物一起被用作堆肥的原材料。食品垃圾可以不必从塑料上清理走，只需要将两者一起用作堆肥即可。

塑料袋

减少使用：去超市的时候携带可重复使用的购物袋，减少使用超市提供的塑料袋。

重复利用：可以把塑料袋撕成细条，做成塑料绳，然后再编织成帽子、篮子或者更大的袋子。

塑料内衬咖啡杯

减少使用：很多人都觉得咖啡杯是环保的，因为它们是纸做的。然而，咖啡杯内部还有一层薄薄的塑料内衬。就是这层塑料薄膜使咖啡杯很难被回收再利用。所以，在买咖啡的时候，为什么不带上可以重复使用的杯子呢？

塑料吸管

重新思考：仅仅在美国，每天就有超过 5 亿根塑料吸管被使用和丢弃。我们喝饮料时，最好使用纸质吸管，或者不用吸管！

解决它！ 无废物制糖 第 36~37 页

在不产生废渣的制糖过程中，每种东西的养分都进入了循环系统，没有任何浪费。

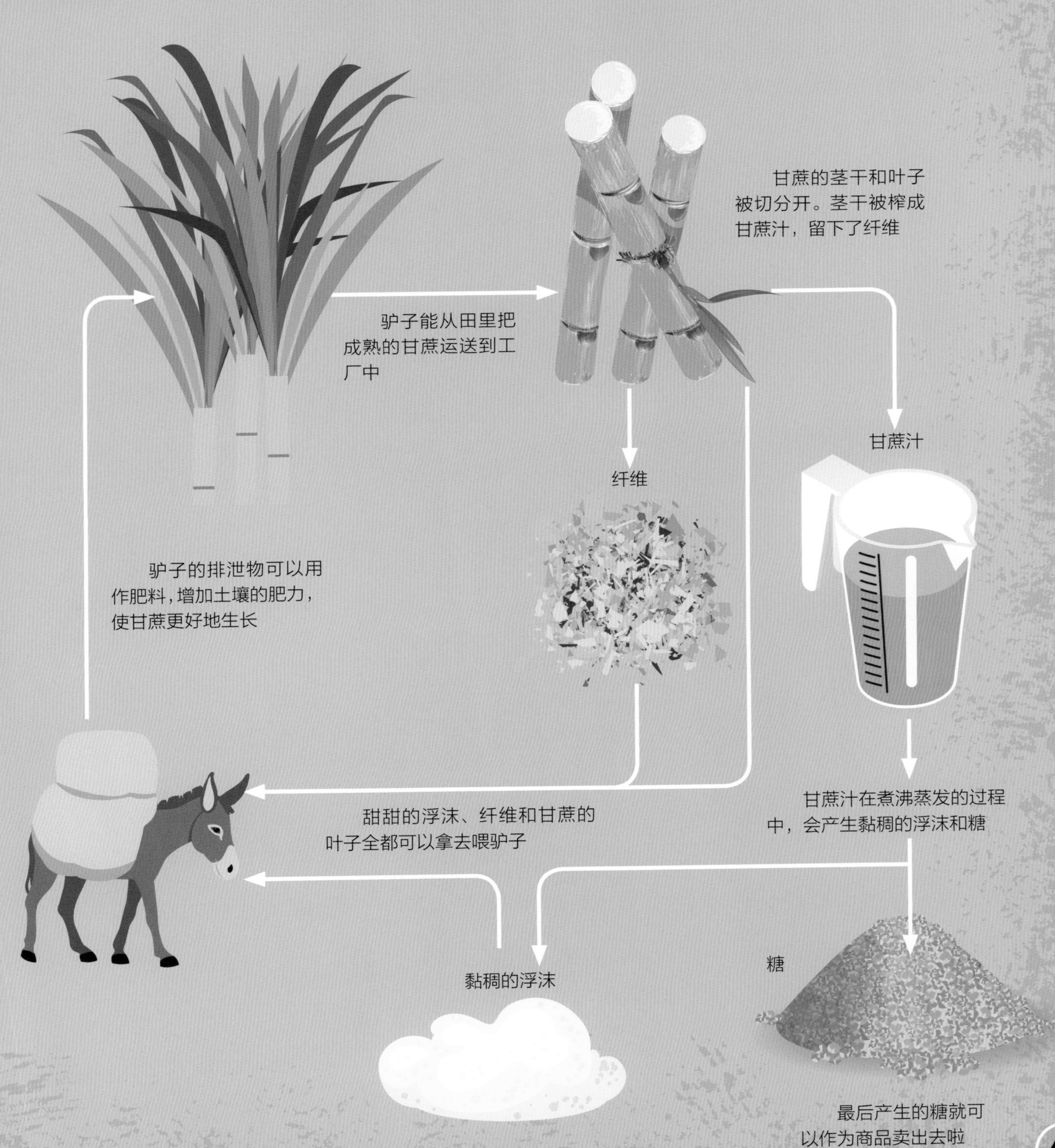

远大愿景

饮食习惯或者食品加工流程的某一点儿微小的改变可能不能解决这本书里列出的种种问题。但是，如果我们把书中所有的可持续性解决方案都付诸实践，也许就能有所作为。所以，少吃肉类食品；购买采用可持续方式种植的食物；减少对包装的使用，或者将其进行回收利用；动手制作家庭堆肥——当你把所有这些方法运用到日常生活当中时，你就可以在点滴之中拯救世界了！

只有你一个人行动，力量可能会很小。如果大家都行动起来，那就会取得不一样的效果。

新的解决方案

大的环境问题可能看起来很可怕，但人们一直都在寻找和制定新的、更好的解决方案。也许，你也能想出一些新的方法帮着拯救这个世界。

和周围的人讨论我们现在面临的环境问题，并向他们询问解决方案。通过讨论，你也可以改变别人的想法和行为。

保护环境，从我做起。

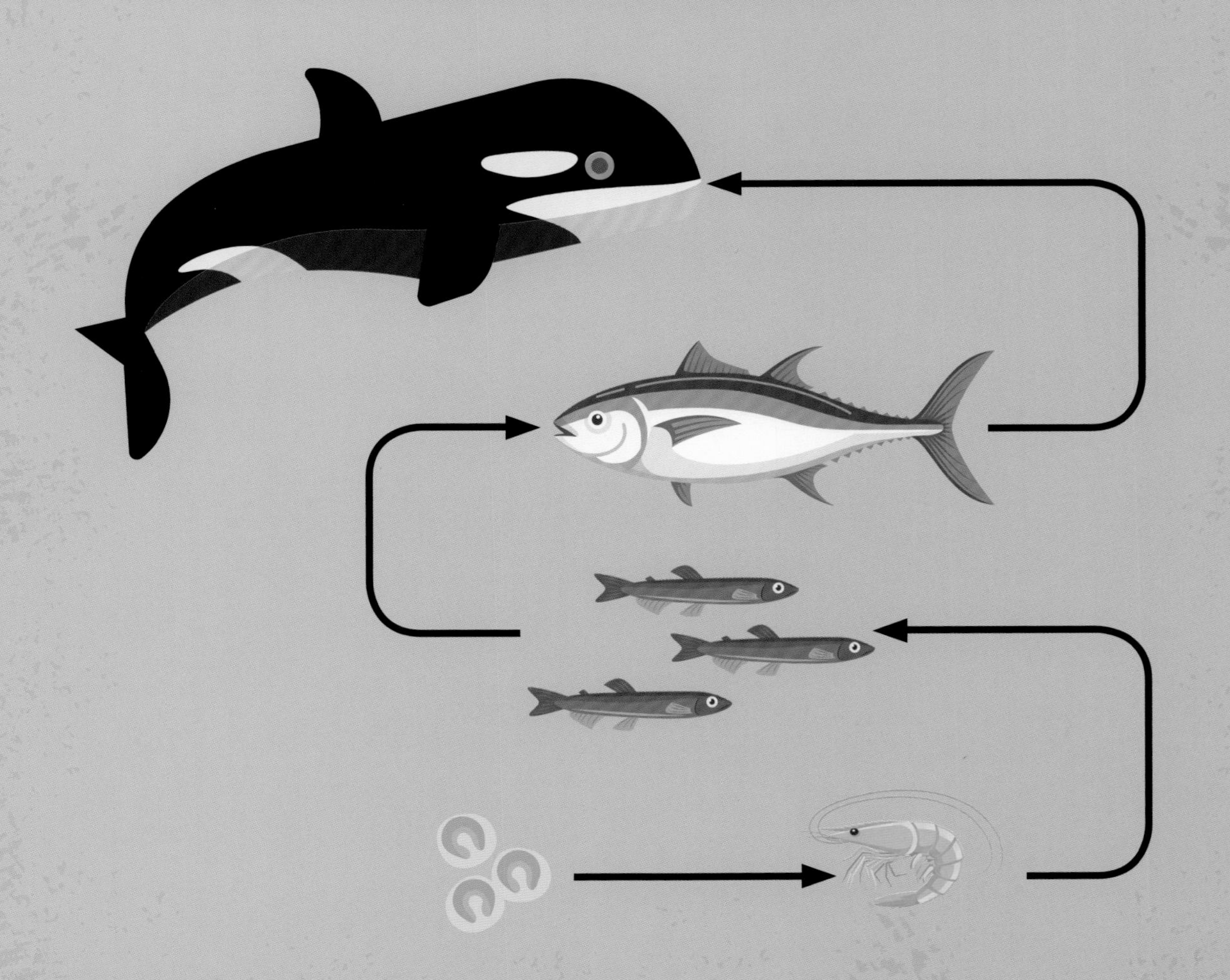